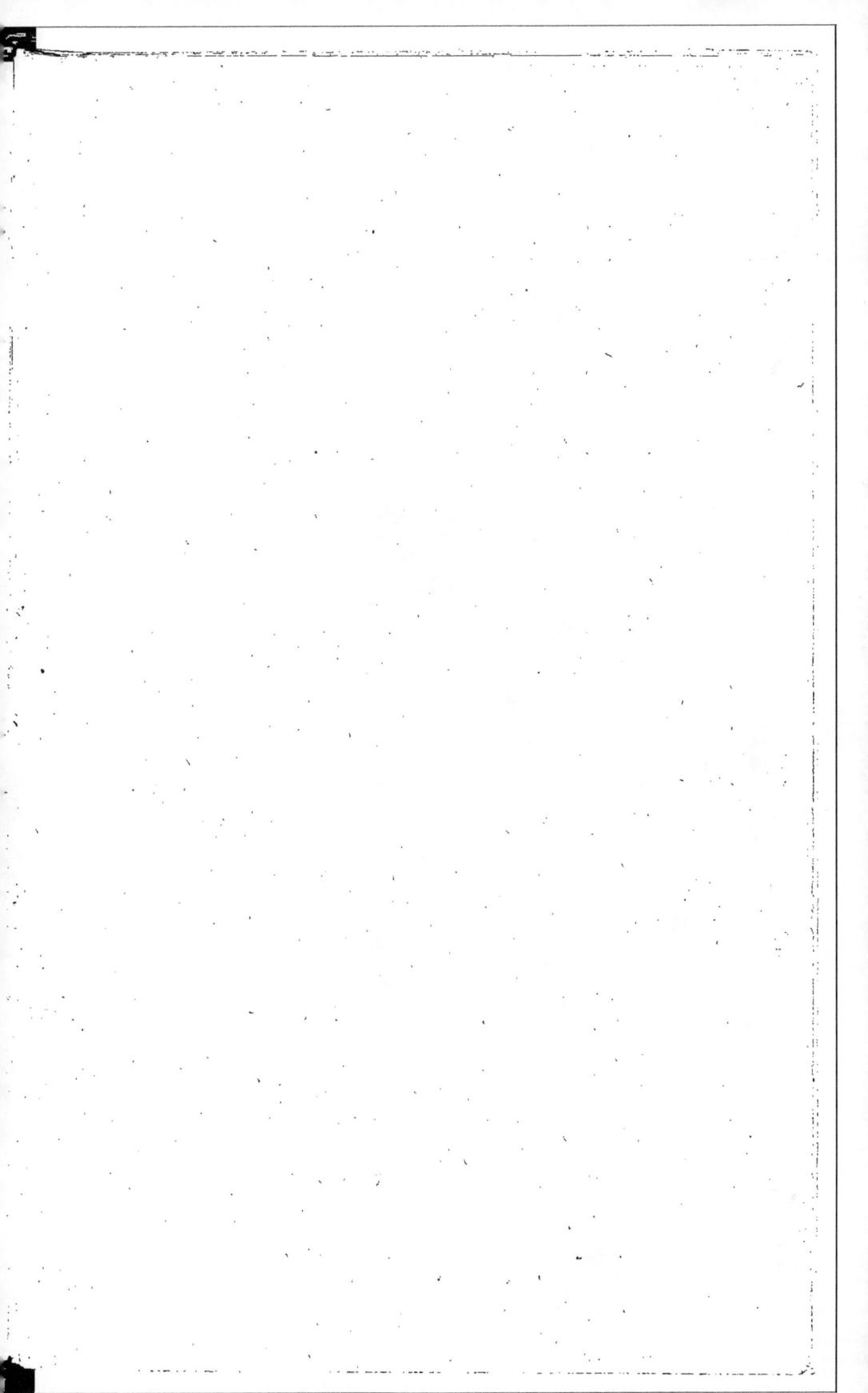

VOYAGE

PHROENOLOGIQUE

A LA

GRANDE-CHARTREUSE,

par

Le Docteur Ombros.

Lyon.

IMPRIMERIE DE GABRIEL ROSSARY,

rue St-Dominique, 1.

1835.

Voyage Phrœnologique

A LA

GRANDE - CHARTREUSE.

Je partis de Lyon par une belle soirée du mois d'août, pour aller visiter la Grande-Chartreuse. La diligence était pleine. Elle roulait encore sur le pavé pointu de la seconde ville du royaume, que déjà les conversations étaient engagées. La politique, l'attentat du 28 juillet, le commerce, le prix des grains, la récolte de la soie, tout était mis sur le tapis et la discussion était aussi animée que si nous avions tous été de vieilles connaissances. Un des voyageurs cependant, placé à ma gauche, gardait le silence ; il écoutait attentivement et ne disait rien, ou se bornait à marmotter quelques mots inintelligibles. Chaque fois qu'on prononçait une parole, il avait l'air de la saisir au passage ; puis il considérait attentivement celui qui l'avait dite.

Il y avait trois heures que nous étions en route ; la nuit était arrivée ; mais nous étions éclairés par les rayons de la pleine lune. Messieurs, dit un des voyageurs, il est déjà tard, tâchons de dormir quelques heures. Je vous engage à faire comme moi. Il plaça son chapeau dans les courroies clouées au plancher de la voiture, puis prenant dans sa poche un bonnet de soie noire, il s'en couvrit, et chacun se disposa à l'imiter. Il faut en excepter pourtant notre personnage silencieux. A l'invitation qui venait d'être faite, une expression de satisfaction parut dans ses traits : il se redressa et fixa attentivement ses regards sur chacun de ceux qui prirent la nouvelle coiffure ; il semblait les dévorer des yeux pendant le peu de temps que dura cette opération.

Le lendemain, les premiers rayons du soleil s'échappaient à peine du sommet des Alpes, que nous admirions déjà la beauté des sites et la richesse de la végétation. C'est un pays qui a bien changé depuis cinquante ans, dit un vieux monsieur qui occupait à lui seul les deux tiers du fond de la voiture. Aussi les Dauphinois tiennent-ils à la révolution. — Mais pourquoi tiennent-ils à la république, dit un autre. — C'est qu'ils doivent tout à la république, dit un troisième. — C'est qu'ils ont tous des biens nationaux, dit un quatrième. — C'est qu'ils n'aiment pas les jésuites, reprit le gros monsieur, en déployant le *Constitutionnel*. — C'est qu'ils ont la tête très-développée en arrière et en haut, dit à demi-voix mon voisin de gauche. Ces mots que je saisis à peine me surprirent. J'avais bien envie de savoir ce qu'ils signifiaient, mais la conversation continuait, chacun élevait la voix et notre homme avait repris son silence.

A *Voreppe* on se sépara. Quatre ou cinq voyageurs restèrent dans la diligence et se rendirent à Grenoble; les autres prirent différentes directions. Ce ne fut pas sans de longs débats avec le conducteur, homme querelleur s'il en fut jamais, et qui depuis le départ avait trouvé l'occasion de se disputer avec tous les postillons et tous les garçons d'écurie à qui il avait parlé sur la route. Tout le monde était indigné. Calmez-vous, calmez-vous, Messieurs, dit mon voisin qui ne nous avait pas quittés. — Ce garçon est taquin, mais il n'est pas méchant. Mauvaise tête et bon cœur, n'est-ce pas mon ami? et en même temps il promenait sa main sur le crâne du conducteur tout étonné de cette familiarité, Moi, Monsieur, reprit celui-ci, j'ai le défaut d'être un peu vif, il est vrai, mais j'aimerais mieux me faire casser bras et jambes que s'il arrivait le moindre accident à mes voyageurs. Demandez voir comment je me suis conduit le jour que cet animal de postillon a laissé ses chevaux s'emporter à la descente de *Rives*..... On voit bien que ces Messieurs ne me connaissent pas. — Il paraissait très-disposé à se faire connaître et à nous citer de nombreux exemples de son dévoûment, mais dans ce moment notre inconnu aperçut M. G....., propriétaire du pays, que j'avais beaucoup fréquenté autrefois. Il courut à lui et ils s'entretinrent quelques instans. Pendant ce temps, j'allais chercher une voiture pour nous conduire à *Saint-Laurent-du-Pont*. Elle était à six places et nous n'étions que cinq. Je retournai vers notre compagnon de voyage, je lui demandai s'il allait à la Chartreuse, et sur sa réponse affirmative je lui proposai une place. Il l'accepta en me remerciant d'un air fort affable, et M. G..... l'accompagna jusqu'à la voiture!

Tout était prêt et nous n'attendions plus que le cocher. Il arriva enfin et nous pria de le payer d'avance, alléguant que c'était son domestique qui nous conduisait, et qu'il ne pouvait pas se fier à lui, et que d'ailleurs c'était son usage. Là dessus grande rumeur... C'est une malhonnêteté. — Nous vous paierons quand nous serons arrivés. — A-t-il envie de nous laisser en route. — Il fait le renchéri parce qu'il est seul. — Il ne demanderait pas l'argent d'avance s'il avait concurrence. — La concurrence est l'ame du commerce, disait le gros Monsieur en retirant de sa poche le *Constitu-*

tionnel qu'il avait déjà lu deux heures le matin. Remarquez-vous comme ce voiturier a la tête large et les yeux couverts en dehors, dit-le personnage mystérieux en s'adressant à M G...... qui était à la portière. On paya d'avance pour en finir. Allons, bon voyage, lui dit M. G.....; voilà la chasse qui va s'ouvrir bientôt, y a-t-il quelque chose dans notre pays qui puisse vous faire plaisir? — Qu'a-vez-vous par là? — Nous avons des chamois, des chevreuils. — Avez-vous des ours? — Oui, j'en sais un superbe à *St-Pierre-d'Entre-Monts*, nous le chasserons aux premières neiges. — Je retiens sa tête. — Vous pouvez y compter. Adieu.

Je n'avais pas perdu un mot de tout ce qui s'était dit et pourtant ce n'était pour moi qu'une énigme. Je brûlais d'envie de savoir ce qu'était ce singulier personnage. Arrêtez, dis-je au cocher, j'ai oublié quelque chose à l'hôtel. La voiture avait fait à peine cinquante pas. Je courus après M. G.... que j'atteignis sans peine. Sortez-moi d'embarras, lui dis-je, apprenez-moi quel homme nous avons avec nous. Depuis hier il pique ma curiosité, sans que j'aie trouvé l'occasion de la satisfaire. C'est le docteur O.... me répondit-il, le grand partisan de la doctrine de Gall.—J'y suis maintenant, je vous remercie, et je regagnai la voiture.

Je compris alors le sens des mots entrecoupés que j'avais saisis pendant la route. Ce que j'avais lu des ouvrages des phrœnologistes m'avait fort intéressé, et ce qu'on raconte dans le monde de leur science me donnait l'envie d'en apprendre davantage, surtout de la part d'un homme qui s'en était beaucoup occupé. Mais la réserve qu'il avait mise jusque-là avec nous, me fit comprendre que pour en obtenir quelque chose je devais profiter d'une circonstance sans chercher à la faire naître.

Nous eûmes bientôt franchi la montagne qui sépare *Voreppe* de *Saint-Laurent*, la conversation roula exclusivement sur les paysages et les points de vue magnifiques que nous rencontrions à chaque instant. En passant devant une maison isolée sur la route, le docteur fit arrêter la voiture, descendit rapidement, cassa une longue branche à un châtaignier qui se trouvait près de là, et s'approchant de la porte sur laquelle était cloué par les quatre membres un oiseau de proie, il fit sauter sa tête desséchée d'un coup de sa baguette, la ramassa, la plia avec soin dans une feuille de papier, et revint tout joyeux la placer dans le caisson de la voiture. Il paraît que vous vous occupez d'histoire naturelle, lui dis-je, pour engager la conversation. Oui, me répondit-il, voilà une espèce de faucon assez rare. Il est en bien mauvais état, repris-je, pour le mettre sur la voie. C'est vrai, me dit-il, mais il faut le prendre comme on le trouve. Je n'insistai pas.

A *Saint-Laurent* nous descendîmes de voiture. C'est là qu'on prend des mulets pour arriver à la Chartreuse. Nous entrâmes dans un cabaret d'assez mauvaise mine, où nous trouvâmes nombreuse compagnie. Il y avait une quinzaine de voyageurs qui revenaient du Désert ; d'autres se disposaient à s'y rendre. De plus il y avait foire au village, et les paysans traitaient leurs affaires le verre à la main. C'était à ne pas s'entendre. L'un appelait la fille d'une voix de tonnerre ; l'autre frappait la table avec la bouteille. Les mulets joignaient leurs cris à ce tapage. Cette scène animée me rappela celle que j'avais vue quelques années auparavant au pied du Vésuve, chez le cicérone Salvator, avec cette différence, que chez lui le bruit qui n'était pas moindre, était formé de je ne sais combien d'idiomes, d'anglais, d'allemand, de français, d'Italien, de russe, etc., qui m'avaient donné l'idée de la tour de Babel et de la confusion des langues.

Après avoir attendu assez long-temps, on amena enfin nos mulets ; deux dames faisaient partie de la caravane, et l'une d'elle qni n'avait jamais monté à cheval paraissait redouter beaucoup cette première épreuve. Le docteur examina attentivement nos montures, puis s'approchant de cette dame : Si vous n'avez pas l'habitude de monter je vous engage à ne pas prendre ce mulet, lui dit-il, il n'est pas méchant, mais il a besoin d'être conduit. Prenez le mien, il est sûr ; voyez comme il a la tête large et les oreilles écartées. Est-ce que cela veut dire qu'il ne bronchera pas, reprit la dame ? Oui, répondit-il, vous pouvez être tranquille, c'est une observation que tous les marchands de chevaux ont faite depuis long-temps.

Je fus le seul à remarquer ces paroles ; nous nous mîmes enfin en route ; mais un abbé qui devait être du voyage courut à nous et nous pria de l'attendre quelques instans. Il avait fait marché avec deux muletiers, l'un qui s'était chargé de ses bagages et l'autre de sa personne. Il craignait, disait-il, de rester seul au milieu de ces rochers avec deux hommes d'assez mauvaise tournure. Nous tâchâmes de dissiper ses préventions, mais comme il paraissait peu rassuré par nos discours, nous promîmes de l'attendre. En effet, quelques minutes après il revint et nous marchâmes ensemble.

Il a tort d'avoir cette défiance, me dit le docteur, ces deux hommes sont pleins de religion et de probité. — Vous les connaissez donc, lui dis-je ? — C'est la première fois que je les vois, mais je réponds d'eux, ajouta-t-il. Nous apprîmes bientôt qu'ils avaient été employés long-temps à la Grande-Chartreuse, et que l'un d'eux y était resté dix ans.

Monsieur, lui dis-je, je ne vous cacherai pas que votre conversation a été jusqu'ici fort singulière. Mais je crois avoir trouvé le mot de l'énigme ; vous êtes phrœnologiste, n'est-ce pas, et vous êtes content de la tête de ces muletiers ? — C'est cela, me dit-il, j'évite de parler de notre doctrine avec des gens qui ne peuvent pas la comprendre, et c'est pour cette raison que ma conduite vous aura paru extraordinaire. A quoi bon, en effet, avancer des assertions qu'on ne peut pas démontrer. Il faut pour les entendre quelques principes généraux, et il est probable que nos compagnons de voyage ne savaient sur cela que les quolibets de certains journalistes. Vous me direz, sans doute, que la phrœnologie est fondée sur des observations, et que j'aurais pu montrer les organes que je rencontrais chez ceux qui nous ont passé sous les yeux. Mais vous vous tromperiez si vous pensiez que les faits sur lesquels elle repose sont de ceux qui ne demandent que des yeux pour être vus. Il faut beaucoup d'habitude et d'exercice. Je suppose même que nous eussions trouvé un de ces organes visibles pour tout le monde; il aurait été très-possible que je ne parvinsse pas à vous convaincre. Chaque organe a mille manières de se manifester. L'ensemble de ces manifestations constitue ce qu'on appelle la sphère d'activité. Quelque nombreuses que ces manifestations puissent être, elles se rapportent toutes à une faculté fondamentale, seule chose que la phrœnologie puisse connaître par l'examen du crâne. Or, ce qu'on demande dans le monde, ce n'est pas cette faculté fondamentale, on ne la connaît pas; c'est la manifestation précise. Si vous dites que tel individu a beaucoup de *sécrétivité*, on ne vous comprendra pas. Et si vous interprétez cela en disant que c'est un homme rusé, on vous répondra que vous vous trompez et que c'est un menteur, sans se douter que la ruse et le mensonge sont deux manifestations de la même faculté. Si vous avancez qu'il a *l'amour de l'approbation*, on vous demandera ce que cela veut dire, et si vous ajoutez que c'est la vanité, on croira vous confondre en vous disant qu'il n'a aucune prétention dans ses habits. C'est en vain que vous voudrez expliquer qu'on peut rechercher l'approbation autrement que par ses habits, le coup est porté et l'on n'en revient pas. D'un autre côté, celui qui sert à vos observations, le connaissez-vous bien? croyez-vous qu'il suffise pour cela de l'avoir vu quelques heures dans une société, détrompez-vous; il faut l'étudier long-temps, le suivre dans la vie privée. Souvent alors vous serez étonné d'apprendre que tel qui affiche les dehors de la modestie et de la charité, n'est qu'un méchant et un orgueilleux, et que tel autre qui passe pour un ange de douceur est un diable dans sa maison. Penseriez-vous que celui dont vous cherchez à reconnaître le caractère ou le talent, pourra prononcer sur la justesse ou la fausseté du jugement que vous porterez sur lui? pas davantage, il ne se connaît pas lui-même. Si vous lui trouvez un organe qui flatte son amour-propre, il sera de votre avis; mais jamais il ne conviendra qu'il a celui auquel il attache quelque idée de défaveur. Dites que sa tête est superbe, il est phrœnologiste, ajoutez que les facultés intellectuelles pourraient être plus développées, la phrœnologie ne vaut plus rien. C'est donc compromettre inutilement la science, sans qu'on puisse compenser cet inconvénient par le moindre avantage.

Là, notre conversation fut interrompue. La route devenait étroite. On ne pouvait plus marcher de front. Nos mulets se mirent à la file et nous fûmes entièrement occupés à contempler les

sublimes beautés de cette route enchanteresse. En moins de deux heures nous arrivâmes dans cette espèce de cratère au fond duquel la Chartreuse est placée.

Nous conduisîmes nos dames à l'hôtellerie, bâtiment séparé du couvent; car il leur est défendu d'y entrer. Nous y fûmes reçus par un homme en habit de laïque. On nous dit que c'était un prétendant et qu'il portait le nom de frère Michel. Il paraissait avoir quarante ans; il était grand et fortement constitué, mais son dos était courbé et ses genoux fléchissaient sous le poids de son corps. C'était un chêne, mais un chêne battu par les tempêtes et qui portait dans tout son être les traces des orages auxquels il avait résisté. Il nous offrit un verre de liqueur préparée dans le couvent et nous demanda à quelle heure nous voulions souper. Nous fixâmes sept heures. Il n'en était que cinq; nous résolûmes d'employer ces deux heures à visiter le monastère. Le frère Michel voulut bien nous y accompagner.

Nous parcourûmes successivement le cloître, les salles d'assemblée, la bibliothèque, l'église, le cimetière, et partout nous fûmes frappés de la simplicité, ou plutôt de la pauvreté de cette Chartreuse comparée à la richesse de celles que nous avions vues à Pavie, à Rome et à Naples. On y voit encore cependant des traces de sa puissance. Les mots: *Aula Germanica*, *Aula Italica*, *Aula Hispanica*, etc., inscrits sur les portes des pavillons situés dans la première cour, rappellent le temps où les députations arrivaient de toutes parts à la maison mère, et les plans grossièrement dessinés des différentes Chartreuses qu'on a rassemblés dans un long corridor, s'ils ne donnent qu'une idée imparfaite de ces établissemens sous le rapport topographique et architectural, suffisent au moins pour montrer l'ancienne puissance de l'ordre.

Nous ne traversions pas sans émotion ces longues galeries sur lesquelles s'ouvrent les cellules des religieux et le trou par lequel on leur fait passer leurs alimens. Nous nous arrêtions pour lire les inscriptions que chaque chartreux place sur sa porte. Sur l'une d'elles on lit: *Le plaisir de mourir sans peine vaut bien la peine de vivre sans plaisir* !!!!! sur une autre: *Que cette terre me paraît vile et méprisable, quand je regarde le ciel* !!!!! Nous entrâmes dans une de ces cellules. Voici, nous dit le frère Michel, l'asile où un chartreux doit vivre et mourir. Il se compose de ce promenoir où il peut faire de l'exercice à certaines heures de la journée, de cette chambre où il dit ses prières et de celle-ci où est son lit, composé d'un garde-paille et d'une couverture de laine. Descendons maintenant: ce rez-de-chaussée comprend une pièce qui sert de bûcher, cette autre, dans laquelle est un tour, et enfin le jardin. Toutes les heures, toutes les minutes ont un emploi déterminé. Elles sont partagées entre la prière et les travaux manuels. Ces travaux sont la culture du jardin pendant la belle saison, et le tour pendant les sept ou huit mois d'hiver. Les chartreux sont vêtus de blanc, ne

ne portent pas de linge , et sont toujours couverts du cilice. Ils
jeûnent toute l'année et s'abstiennent de la viande , même en cas
de maladie dangereuse ou mortelle. Ils observent un silence con-
tinuel, qu'ils n'interrompent que pour chanter les louanges de
Dieu. Ils y emploient un temps considérable pendant le jour et
pendant la nuit. On a cependant jugé à propos de leur accorder
quelques momens d'entretiens les uns avec les antres. Ils peuvent
parler le dimanche : ils ne mangent en communauté que ce jour-là.
Une vie aussi austère ne nuit pas à leur santé. Celui qui habitait
cette cellule est mort il y a peu de temps à l'âge de quatre-vingt-
deux ans.

— Est-ce qu'on ne peut pas voir les chartreux, dit le docteur
qui avait jusque-là écouté attentivement ces détails ?

— Vous ne pouvez les voir qu'à l'église, répondit le frère Michel. L'office de nuit commence à onze heures moins un quart ; si
vous voulez y assister, je vous réveillerai ; sinon, demain à six
heures vous les y trouverez encore. — Nous assisterons aux deux
offices, reprit le docteur, allons souper, nous nous coucherons
après, car nous avons besoin de repos, et le frère Michel aura la
complaisance de penser à nous.

Tout se passa comme nous en étions convenus. A l'heure indi-
quée nous nous rendîmes à l'église. J'admirai la majesté des chants
religieux retentissans au-dessous de ces voûtes et au milieu des té-
nèbres. J'écoutai la beauté de certaines voix et leur timbre so-
nore, tandis que le docteur dévorait des yeux toutes ces têtes ra-
sées, au moment surtout où les capuchons s'abaissaient et les dé-
couvraient à ses regards.

Mais l'obscurité nuisait à ses observations. Aussi le lendemain
fut-il exact à l'office du matin. Au premier coup de cloches, il
alla se placer à la porte de l'église, afin de voir entrer les chartreux, car ils baissent leur capuchon en prenant l'eau bénite et
l'occasion était trop favorable pour la manquer. Ce fut encore là
qu'il vint se placer au moment de la sortie et pour la même raison.

Eh bien ! lui dis-je, avez-vous bien examiné ces têtes, savez-
vous comment elles sont faites, qu'avez-vous vu ? Et qu'avez-vous
vu vous-même, reprit-il ? — Moi, lui répondis-je, je ne suis pas
compétent, je n'ai rien vu ou plutôt j'ai vu toutes ces têtes de
même.—Vous appelez cela ne rien voir dit-il ; mais je n'ai pas vu
autre chose. Toutes ces têtes, en effet, ont la même forme et sem-
blent jetées dans le même moule. N'avez-vous pas remarqué cependant qu'elles sont plus larges en haut qu'en bas et élevées surtout en arrière ? — C'est vrai, et que concluez-vous de là ? — J'en
conclus que les Chartreux ont une grande disposition aux idées
mystiques, une imagination facile à alarmer, une fermeté à toute
épreuve, et ce qui vous étonnera peut-être, un amour-propre qui
les rend mécontens de tout le monde et qui ne leur fait voir le

2

genre humain que sous l'aspect le plus hideux. Au surplus, je savais d'avance que nous rencontrerions ici des têtes de cette forme; c'est celle qui existe chez tous les moines et surtout chez ceux dont la règle est austère. Voyez les têtes des capucins et surtout des trapistes, elles sont sous ce rapport tout-à-fait semblables à celles que nous venons d'avoir sous les yeux.

Que je les plains, m'écriai-je, passer ses jours dans des privations continuelles! Il n'y a entre un sort pareil et celui du criminel qui gémit dans les cachots de différence que celle de la conscience; pour tout le reste, leur condition est égale et je ne vois rien de plus malheureux.

Tout cela n'est pas parfaitement juste, répondit le docteur. Vous jugez les autres d'après vous, et en effet on ne les juge guère autrement dans le monde. Vous chérissez votre femme et vos enfans, vous aimez vos parens et vos amis; les plaisirs de l'étude, ceux de la conversation, de la société, la chasse et peut-être même le jeu et la table sont pour vous des délassemens nécessaires. Vous concluez de là qu'ils sont nécessaires à tout le monde et qu'en être privé c'est être malheureux. Mais ai-je besoin de vous rappeler que le goût de la retraite est presque aussi ancien que le genre humain? Que dans tous les temps il s'est trouvé des hommes trop fiers pour se plier aux souplesses inséparables de la société ou trop mous pour remplir les devoirs pénibles qu'elle impose? N'avez-vous jamais vu des hommes redouter le mariage et les soucis qu'il entraîne? N'en avez-vous pas connu qui fuyaient le monde et à qui les jouissances de l'amitié furent toujours ignorées? Ne savez-vous pas que la sobriété est une qualité aussi naturelle à certains individus, que la gourmandise est naturelle à d'autres et que quelques personnes sont aussi fatiguées de parler que nous le serions d'être condamnés au silence? Je suppose donc que tout cela se rencontre dans le même homme, sera-t-il bien malheureux d'être chartreux? Non, sans doute. Eh bien! cette supposition est précisément la réalité. Examinez leurs têtes et vous verrez qu'elles sont peu prolongées en arrière, très-élevées, étroites et comprimées sur les côtés et surtout en avant de l'oreille. Or, si un phrœnologiste voulait faire le portrait d'un solitaire, comment s'y prendrait-il? Il lui donnerait les organes qui disposent aux idées religieuses et surnaturelles; il affaiblirait ceux qui se rapportent aux penchans, tels que l'amour physique, l'amour des enfans, l'amour de l'approbation, l'amitié, l'alimentivité, et il résulterait de tout cela une tête tout-à-fait conforme à celles des chartreux ou à celle de Saint-Bruno leur fondateur.

— Est-ce que vous sauriez par hasard comment la tête de St-Bruno était faite?

— Sans doute, je le sais; je vous dirai même à ce sujet que je suis on ne peut plus mécontent de tous les portraits que j'en ai vus jusqu'à présent. Parce que les traits de ce saint ne sont pas connus,

les artistes croient pouvoir lui donner une tête à leur fantaisie.
Que signifie, je vous le demande, celle que l'on vend à la porte
du couvent? celles que nous avons vues dans les tableaux de *Le-
sueur* sont, n'en déplaise aux nombreux admirateurs de ce peintre,
sans aucun caractère phrœnologique et faites par un homme qui
ne se doutait pas que le crâne eût des formes aussi importantes à
étudier que la figure. La belle statue de St-Bruno par Slodtz, que
j'ai vue au Vatican, est bien supérieure à tout cela ; certaines par-
ties du crâne sont même rendues avec une grande exactitude; mais
il y a cependant beaucoup à désirer. Et pourtant rien ne serait
plus facile que d'arriver à la vérité. Ce moyen est bien simple. Il
ne consiste pas, comme vous pourriez le croire, à étudier la phrœnologie, les anciens ne s'en doutaient guère et cependant leurs
ouvrages sont remarquables par la justesse des formes du crâne,
même dans ceux où ils n'avaient pas l'intention de faire des portraits. C'est que quand ils voulaient représenter un gladiateur ou
un philosophe, ils copiaient un philosophe ou un gladiateur, et il
ne leur vint jamais dans l'idée qu'on pût faire, comme dans une
certaine ville de province, où l'on vit dans la même exposition de
tableaux, le même vieillard à barbe blanche représenté en St-Jé-
rôme et en sapeur, en sénateur et en mendiant. Faisons donc comme les anciens ; quand nous voulons représenter le fondateur des
chartreux, prenons un chartreux pour modèle, par là nous arri-
verons à peindre la nature. Car, si comme vous l'avez observé
vous même tout-à-l'heure, les mêmes penchans son accompagnés
de la même forme de tête, nous devons nécessairement en conclu-
re que la même forme de tête existait chez ceux qui avaient les
mêmes penchants, fut-ce même il y a deux mille ans.

Mais je m'aperçois que nous écartons de la question, permettez-moi d'y revenir. Si les têtes des Chartreux sont faites comme nous venons de le voir, ils doivent avoir peu de besoins, par
conséquent peu de tentations.

— S'il en est ainsi, à quoi sert donc leur fermeté?

— La fermeté sert moins chez eux à réprimer des passions fou-
gueuses, qu'à se maintenir dans la voie où ils se sont engagés.
Pensez-vous qu'il soit donné à tout le monde de passer toute sa
vie sans plaisir, pour avoir celui de mourir sans peine? non cer-
tes. En effet, quelque faibles que soient leurs penchans ils n'en
sont pas privés ; il faut encore les vaincre. Pour eux, il est vrai,
la victoire est facile. Mais il n'en faut pas moins une grande per-
sévérance pour ne pas se laisser détourner du but qu'on s'est pro-
posé ; pour supporter les ennuis, les dégoûts d'une existence mo-
notone et cela non pour un temps déterminé, mais pour la vie en-
tière. Voilà à quoi leur sert la fermeté. Toutefois, je ne dis pas
qu'il n'y ait dans les monastères quelques-unes de ces ames qui
ont besoin de lutter sans cesse contre les entreprises du démon et
qui ne les surmontent qu'à force de courage. Mais elles sont rares,

et je n'y trouve le plus souvent ni grands vices ni grandes vertus.
Je ne vois ici ni ces tentations violentes de la chair qui assiégeaient
saint Antoine ; ni cette ardente amitié qui faisait demander à saint
Augustin si ses amis ne lui étaient pas plus chers que Dieu même ;
ni cette charité active dont saint Vincent-de-Paule peut nous offrir le modèle. Or, s'il y a peu de combats, il y a peu de peine à
résister. Il n'est donc pas juste de dire que les Chartreux sont bien
malheureux.

Il n'est pas plus juste de comparer leur sort à celui d'un criminel dans un cachot. Au physique votre comparaison peut être
exacte. Un moine et un prisonnier sont en effet dans la même po-
sition. L'un et l'autre sont renfermés dans une cellule, l'un et
l'autre couchent sur la paille, etc. Mais pensez-vous que ce soit
la souffrance physique qui fasse le malheur? non sans doute, c'est
la souffrance morale. Un criminel est un homme à grandes passions
et qui a cédé à leur influence. Or, placer un homme semblable
dans une étroite enceinte et ne satisfaire aucun de ses désirs, pri-
ver un vagabond de la liberté, un libertin, des jouissances dans
lesquelles il a vécu, un homme aimant, de ceux qui lui sont chers,
une femme, de ses enfans, renfermer un vaniteux dans la solitude, mettre un riboteur au pain et à l'eau, c'est faire des malheureux. Mais condamner à la réclusion celui qui ne sort pas de
sa chambre, au silence celui qui ne parle qu'à regret, à la conti-
nence celui qui n'a point de penchant pour les femmes, à l'isole-
ment celui qui fuit le monde, au jeûne et à l'abstinence celui n'aime pas à manger, ce n'est pas le rendre malheureux, c'est le ser-
vir selon ses goûts. L'église n'a jamais eu d'autre intention.....

— Ah ! pour le coup, docteur, je vous arrête; le paradoxe est
par trop fort.

— Cette assertion vous paraît paradoxale et cependant rien
n'est plus vrai. Oui, je vous le répète, l'église n'a jamais eu d'autre
intention. C'est dans ce but qu'elle a établi les séminaires et les
divers ordres de la cléricature pour l'état ecclésiastique, les épreuves et le noviciat pour l'état religieux. Permettez-moi de vous citer un exemple, je me ferai mieux comprendre. De deux novices
qui se présentent dans un couvent, l'un est un homme à passions
violentes, l'autre un homme froid et sans désir. Tous deux ont une
conduite exemplaire, mais le premier ne remplit ses devoirs que
par l'empire qu'il a sur lui-même ; pour le second, la vertu ne lui
coûte rien. Lequel des deux sera choisi, selon vous? Sera-
ce celui pour qui la vertu est si pénible et partant, si méritoire,
ou celui chez qui les bienfaits de la grace, rendent faciles tous les
commandemens? Ecoutez un théologien célèbre, c'est lui qui va
vous donner la réponse : « Ceux qui ont de la peine à se soumettre
à ces épreuves doivent se défier beaucoup de leurs forces et crain-
dre que les engagemens qu'ils formeront ne soient pour eux une
source de malheurs pour ce monde et pour l'autre. Grace à la vi-

gilance et aux précautions qu'apportent les pasteurs dans le choix
des sujets, ce malheur est beaucoup plus rare qu'on ne le croit
communément dans le monde. » Entendez-vous bien? Ce malheur est beaucoup plus rare qu'on le croit communément dans le
monde.

Et s'il en était autrement, croyez-vous que vous trouveriez
beaucoup de gens capables de supporter cette éternelle contrainte?
Pourquoi en effet s'y soumettraient-ils? la religion ordonne-t-
elle toutes ces austérités? non sans doute. On peut faire son salut
partout et voilà pourquoi au sortir du séminaire, chaque jeune
prêtre prend la carrière qui convient le mieux à ses penchans.
Celui-la a du zèle et de l'éloquence, il se fait prédicateur; cet autre aime les voyages, il se met missionnaire; un troisième a le
goût de l'étude, il se voue à l'éducation; un quatrième a de la
bonté, de la bienveillance, il est curé d'un village ou vicaire d'une
paroisse; un cinquième est misanthrope et atrabilaire, il va s'en-
terrer dans un couvent.

— Vous pourriez bien avoir raison, mais savez-vous que vous
diminuez singulièrement le mérite de ces bons pères? car si notre
conduite dépend de notre organisation, pouvons-nous raisonnable-
ment louer celui qui fait bien et blâmer celui qui fait mal?

— Que notre manière d'agir, que nos dispositions dépendent
de notre organisation, qu'elles soient involontaires, c'est ce qui
ne peut être mis en doute. De tout temps on a dit qu'on naissait
poète ou musicien, qu'on apportait en venant au monde de bons
ou de mauvais penchans. Avant que les enfans d'Isaac fussent nés,
il était écrit; j'ai aimé Jacob et j'ai haï Esaü; non par leurs œu-
vres, ajoute l'apôtre, puisqu'ils n'avaient encore pu faire ni bien
ni mal, mais parce que telle était leur *vocation. Non ex operibus, sed
ex vocante.* N'a-t-il pas toujours été reconnu que chacun avait la
sienne. St-Paul, qui a tant appuyé sur ce point et dont je ne sau-
rais trop vous recommander la lecture, dit en termes exprès, que
personne ne doit s'ingérer dans le ministère sacré, s'il n'y est *appelé.*
Nec quisquam sibi sumat honorem, sed qui vocatur a deo tanquam Aaron.
Le Concile de Trente exige la même chose, pour qu'un prêtre
reste fidèle à ses devoirs : *Ut deo fidelem cultum præstet.* Or qu'en-
tend-on par être *appelé*? qu'est-ce qu'une *vocation*, si ce n'est pas
l'organisation qui nous dispose à telle ou telle fonction de la société?

Vous prétendez que si notre conduite dépend de notre organisation, nous ne pouvons plus louer celui qui fait bien et
blâmer celui qui fait mal, parce que nous ne sommes pas maîtres
d'avoir telle ou telle organisation. C'est une grande erreur. Ne fai-
tes-vous pas tous les jours des complimens à une belle femme et
n'aime-t-elle pas à entendre vanter l'élégance de sa taille et la
beauté de ses traits. Cependant ce n'est pas elle qui a fait son corps
ni sa figure. Nous ne sommes pas maîtres d'avoir de l'esprit et cependant nous sommes très-contens d'entendre louer celui que

nous avons. Vous flatterez bien plus un poète ou un artiste en disant à l'un que ses vers coulent sans effort,

« Qu'il a reçu du ciel l'influence secrète , »

à l'autre que ses tableaux sentent l'inspiration, qu'en leur parlant
de la peine qu'ils ont eu à les faire. Quelles que soient les idées que
l'éducation nous inculque, vous serez toujours mal reçu à aller dire à un homme : Vous êtes profondément vicieux, mais à force de
vertus vous parvenez à maîtriser vos vices. Ce serait cependant un
bel éloge dans le sens de ceux qui ne voient le mérite que dans la
force de la volonté. Mais tout le monde en sera choqué. Tandis que
l'homme le plus humble sentira une douce satisfaction dans son
ame quand vous lui direz : Vous êtes né saint, vous vivrez et vous
mourrez de même. Cette manière de voir ne change donc rien à
l'état actuel des choses et n'ôte rien au mérite personnel des chartreux. Mais si vous voulez apprécier leur mérite par les services
qu'ils rendent à la religion et à la société, j'avoue que je le consi-
dère comme très-petit. Non que je partage sur ce point les préventions du XVIIIe siècle, ni que j'approuve les fureurs du philoso-
phisme. Il faudrait oublier les leçons de l'histoire pour ne pas se
rappeler les services que les monastères ont rendus. Sans parler ici
du bien matériel qu'ils ont fait, il fut bon dans un temps d'avoir
des types pour offrir en exemple et pour montrer le but que le
chrétien devait atteindre. Mais les circonstances ont changé. De
nos jours les moines n'ont plus à conserver le dépôt des sciences,
plus de forêts à défricher, et quand l'incrédulité marche à pas de
géants, quand la religion perd chaque jour sa puissance, c'est une
milice active qu'elle demande pour reconquérir le monde, plutôt
que de pieux solitaires qui le fuient et qui se bornent à prier pour
lui.

    « *Talibus auxiliis nec defensoribus istis*

    « *Tempus eget.* . . . .

Oui, si Dieu a dit, par la bouche du prophète : *Je l'attirerai
dans la solitude et là je parlerai à son cœur*, il a écrit aussi : *Malheur
à celui qui est seul*. Et que signifie, en effet, aujourd'hui cette vie
négative ? Écoutez St-François de Salles : « S'abstenir du mal est
autre chose que faire le bien. Quoique cette abstinence soit une
espèce de bien, c'est comme le plan sur lequel reste à élever l'édi-
fice....... Comment apprendra l'obéissance celui à qui nul ne com-
mande ; la patience, celui à qui nul ne contredit ; la constance ,
celui qui n'a rien à souffrir ; l'humilité, celui qui n'a point de su-
périeur ; l'amitié, celui qui, comme un sauvage, fuit la conversation des autres hommes, qu'il est obligé d'aimer comme soi-mê-
me ?...... Il y a quantité de vertus qui ne se peuvent pratiquer
dans la solitude, principalement la miséricorde sur laquelle nous

serons interrogés et jugés au dernier jour , et de laquelle il est dit : Bienheureux les miséricordieux , car ils obtiendront miséricorde. »

— Vous êtes vraiment embarrassant, cher docteur ; mais je reviens à mon objection. Dites-moi, je vous prie, ce que la liberté morale devient dans votre système ?

— La liberté morale n'est pas de........

Le docteur continuait, mais on entendit les pas traînans du frère Michel. Messieurs, dit-il, en déposant sur la table une omelette, du beurre et des œufs, votre dîner est servi. Au même instant on vit se précipiter dans la salle tous les voyageurs qui venaient de gravir le sommet du *Grand-Som.* On mangea avec appétit. Après le dîner nous remontâmes sur nos mulets. Le docteur se rendit à Grenoble par le Sapey, et moi je revins à St-Laurent-du-Pont, désespéré de ne pas savoir ce qu'il pensait de la liberté morale.

www.ingramcontent.com/pod-product-compliance
Lightning Source LLC
Chambersburg PA
CBHW070230200326
41520CB00018B/5791